Robert Mihelli, Verena Kettenhofen

Bolivien 1950-1980: Die Agrarkolonisation der Hochlandindianer

GRIN Verlag

Bibliografische Information der Deutschen Nationalbibliothek:

Die Deutsche Bibliothek verzeichnet diese Publikation in der Deutschen National-
bibliografie; detaillierte bibliografische Daten sind im Internet über http://dnb.d-
nb.de/ abrufbar.

Impressum:

Copyright © 2004 GRIN Verlag GmbH
Druck und Bindung: Books on Demand GmbH, Norderstedt Germany
ISBN: 978-3-640-86860-5

Dieses Buch bei GRIN:

http://www.grin.com/de/e-book/24219/bolivien-1950-1980-die-agrarkolonisation-
der-hochlandindianer

Hauptseminar Wirtschaftsgeographie

Kultur und Entwicklung in Lateinamerika

Bolivien 1950-1980

Die Agrarkolonisation der Hochlandindianer im tropischen Tiefland Boliviens

SS 2004

Fach: Wirtschaftsgeographie

vorgelegt an der
Rheinisch-Westfälischen Technischen Hochschule Aachen

von:
R o b e r t   M i h e l l i

Verena Kettenhofen

Inhaltsverzeichnis

<u>Abbildungs- und Tabellenverzeichnis</u>

Kultur und Entwicklung in Lateinamerika

Bolivien 1950-1980

Die Agrarkolonisation der Hochlandindianer
im tropischen Tiefland Boliviens

"Die Bevölkerung im Departement Cochabamba lebt unter sehr ärmlichen Verhältnissen. Nur wenige Orte verfügen über eine Strom- und Trinkwasserversorgung."
Deutsche Welthungerhilfe e.V., 2003

1.   Einleitung

Gegen 1890 entdeckte am Hügel Juan del Valle, südlich von Oruro, Bolivien, ein Campesino namens Simón Ituri Patiño (1868 - 1947) die reichste Zinnader der Welt, mit welcher er zum Multimillionär wurde. Die Ausbeutung der Berge bis in die 1920er bescherte dem Andenstaat die längsten Periode des Friedens und Fortschritts in seiner Geschichte; mit den heroischen Revolutionstagen 1952 und der landesweiten Nationalisierung des Privateigentums, fing eine weniger glückliche Ära des fünftgrößten Staates Südamerikas an, die noch bis heute andauert[1]. Um aus der entstandenen Krise zu gelangen, die durchaus mit dem Verhalten der damaligen Kolonialmächte verbunden ist, versuchte man Lösungen zu finden, was zur Agrarkolonisation führte.

Mit dem Begriff *Agrarkolonisation* wird eine planmäßige oder ungeplante Besiedlung und landwirtschaftliche Inwertsetzung bisher noch nicht agrarisch genutzter Fläche definiert[2], eine Anbauflächenvergrößerung, welche verstärkt in den 50er und 70er Jahren in Lateinamerika,

---

[1]. Vgl. Galeano, Eduardo: Die offenen Adern Lateinamaerikas, Die Geschichte eines Kontinents, Wuppertal, 2002, S. 234 ff.
[2]. Vgl. Spielmann, Hans O.: Agrargeographie in Stichwörtern, Braunschweig, 1985, S. 135 ff.

Südostasien und Zentralafrika angewandt wurde. Um eine Agrarkolonisation erfolgreich durchzuführen müssen bestimmte Punkte berücksichtigt werden[3].

Zunächst sollte man eine gründliche Untersuchung des Naturpotentials der Kolonisationsgebiete durchführen, um zu erkennen, ob diese Gebiete überhaupt langfristig landwirtschaftlich nutzbar sind. Die Flächennutzungsmethoden und Wirtschaftsformen sollten sich auch an die naturgegebenen Nutzungsspielräume anpassen. Des weiteren müsste man die Siedler sorgfältig auswählen und intensiv beraten, da für die meisten der neue Raum nicht ihrem ursprünglichen Herkunftsgebiet gleicht. Die regionale Infrastruktur sollte genau geplant sein und die Kreditrückzahlung an die finanziellen Möglichkeiten der Siedler angepasst werden. Wünschenswert wäre sowohl eine Gewährleistung einer exakten Vermessung und Eigentumssicherung von Kolonistenbetrieben als auch der Schutz der Rechte der Ureinwohner. Ob und wie diese Ansätze in Bolivien berücksichtigt wurden, versucht diese Arbeit zu zeigen. Wegen einer sehr beschränkten Quellenlage sowie mangels aktueller Daten und Untersuchungen bis zum heutigen Zeitpunkt, muss sich diese Betrachtung auf den Zeitraum zwischen den Jahren 1950 und 1980 konzentrieren, um die Anfänge und Schwierigkeiten aufzuzeigen.

2.   Der Andenstaat Bolivien

Die Republik Bolivien ist ein Andenland, berührt weiträumig im nordöstlichen Teil Brasilien, im Süden Paraguay sowie Argentinien und grenzt im Westen an Chile und Peru. Mit einer Fläche von fast 1,1 Mio km^2 und 8,5 Mio Einwohnern, also 7,8 E/km^2, ist es ein dünnbesiedeltes Land[4]. Die Zuwachsraten für die Gesamteinwohnerzahl von 2,2% jährlich sind in den letzten 20 Jahren konstant geblieben[5], und die Bevölkerungszahlen weisen auch heute noch einen hohen Anteil von Landbewohnern (68%) auf[6]. Die Land-Stadt Migration ist relativ niedrig; Gründe dafür sind wahrscheinlich die noch nicht gut ausgebauten Verkehrsnetze, das geringe Arbeitsplatzangebot in den Städten und die Bevölkerungsstruktur mit hohen Anteil an indigener Bevölkerung; 55% der heutigen Bevölkerung sind indigener

---

[3]. Meistens entstanden dabei erhebliche ökologische Schäden sowie auch wirtschaftliche Probleme was dazu führt dass eine Notwendigkeit nach einer Agrarkolonisation oft in Frage gestellt wird. Vgl. Spielmann, Hans O: Agrargeographie in Stichwörtern, a.a.O., S. 136.

[4]. Vgl. U.S. Library of Congress: Facts & Figures: Bolivia, 2002, online im Internet, <http://lcweb2.loc.gov/Bolivia.htm>, [zugegriffen am 19.03. 2004].

[5]. Vergleich der Daten aus 1976 und 1996. Vgl. INE, 1978/79: Resultados del Censo Nacional de Población y Vivienda, 1976 (Vol. 1-9); für 1996: Bolivia Online: Home, online im Internet, <http://www.ine.gov.bo>, [zugegriffen am 19.03. 2004].

[6]. Vgl. Bolivia Online: a.a.O..

Herkunft[7]: 30% Quechua; 25% Aymara[8], welche eine kulturelle Eigenart des Landes aufweisen[9].

Abbildung 1: Die Republik Bolivien

<u>Quelle:</u> Worldatlas: Bolivien, online im Internet, <http://www.worldatlas.com/
webimage/countrys/samerica/bolivia>, [zugegriffen am 19.03. 2004].

2.1   Die Bevölkerungskonzentration in den Anden

Das Gebirge Boliviens, die *Sierra,* war lange der bevorzugte Siedlungsraum der Urbewohner. In der Höhe von meist über 2000 m wurden die Hochflächen und Beckenlandschaften ungewöhnlich dicht besiedelt; dort konzentrierte sich bis zur Mitte des Jahrhunderts etwa 86% der gesamten ländlichen Bevölkerung des Landes[10]. Die restlichen 2/3 der Landesfläche nimmt das tropische und subtropische Tiefland ein, das in den fünfziger Jahren des letzten Jahrhunderts nur in einzelnen kleinen Gebieten eine höhere Bevölkerungsdichte als ein Einwohner je km^2 aufweisen konnte[11]; ein Ungleichgewicht, das für die wirtschaftliche und soziale Entwicklung des Landes natürlich hemmend ist. Im Weg stand auch die

---

[7] Mit dem Begriffen »Urbewohner« oder »indigene Bevölkerung« sind in dieser Arbeit Ureinwohner gemeint, fälschlich oft heute noch »Indianer« genannt, obwohl seit 1983 der Begriff »indigene Völker« offiziell festgelegt wurde: "Indigenous communities, peoples and nations are those which, having a historical continuity with pre-invasion and pre-colonial societies that developed on their territories, consider themselves distinct from other sectors of the societies now prevailing in those territories, or parts of them. They form at present non-dominant sectors of society and are determined to preserve, develop and transmit to future generations their ancestral territories, and their ethnic identity, as the basis of their continued existence as peoples, in accordance with their own cultural patterns, social institutions and legal systems." Vgl. Cobo, José R. Martínez: Study of the Problem of Discrimination against Indigenous Populations, Volume V: Conclusions, Proposals, and Recommendations, UN Doc. E/CN 4/Sub.2/1986, New York, 1987.

[8] Vgl. U.S. Library of Congress: a.a.O..

[9] Die indigene Bevölkerung wird in der Literatur oft als sehr Landgebunden bezeichnet. Vgl. Monheim, Felix: Bevölkerung und Wirtschaft in den Gebirgen der Tropen, erläutert am Beispiel der bolivianischen und peruanischen Anden, München, 1975.

[10] Vgl. Cappelletti, F.: Informe al Gobierno de Bolivia sobre Colonización. FAO, Informe No. 1927. Rom o. J., 1967, S. 2.

[11] Vgl. Monheim, Felix: Junge Indianerkolonisation in den Tiefländern Ostboliviens, Braunschweig, 1965, S. 11.

weitverbreitete indigene Wirtschaftsweise ohne Marktcharakter und das Vorhandensein des Großgrundbesitzes[12]. Punktuell erfuhr der östliche Teil des Landes eine eigenständige Entwicklung, litt aber unter mangelhaften Verkehrsverbindungen.

3.   Der Straßenbau als Anfang des Kolonisationsprozesses

Eine wichtige Voraussetzung für eine Agrarkolonisation der östlichen Tiefländer Boliviens ist eine bessere Verkehrserschließung, eine Übersicht gibt die *Abbildung 2*.

Abbildung 2: Die ersten Asphaltstraßen Boliviens und die Bahn

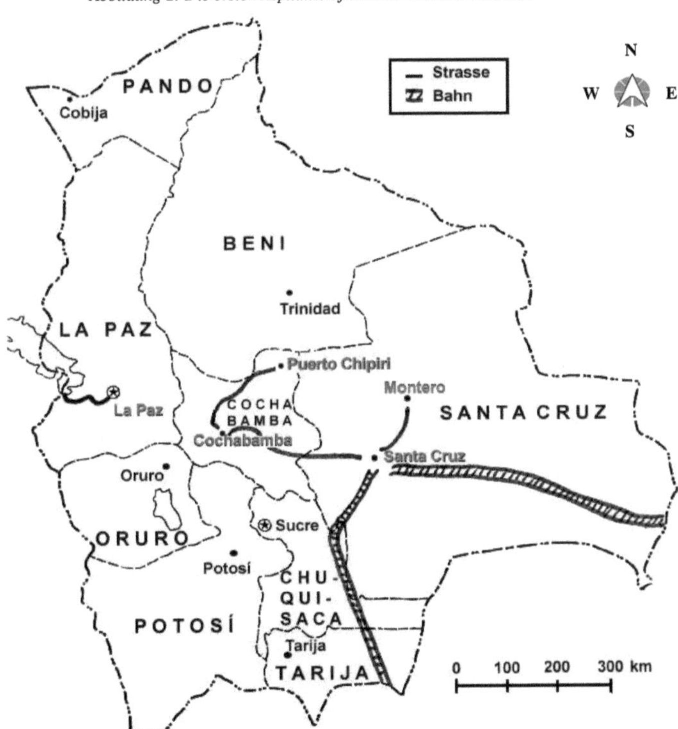

Quelle: Monheim, Felix: Junge Indianerkolonisation in den Tiefländern Ostboliviens, Braunschweig, 1965, S. 16 ff und eigener Entwurf.

---

[12].   Bis 1953 waren etwa 71% der landwirtschaftlich nutzbaren Flächen in der Hand von Großgrundbesitzern; Vgl. Monheim, Felix: Agrarreform und Kolonisation in Peru und Bolivien, Beiträge zur Landeskunde von Peru und Bolivien, Geographische Zeitschrift, Heft 20, Wiesbaden, 1968, S.5.

Einer der ersten Schritte in dieser Richtung war die Asphaltstraße von Cochabamba nach Santa Cruz und weiter nördlich nach Montero, die mit der Unterstützung der amerikanischen Regierung gebaut wurde. Eisenbahnlinien verbinden auch Santa Cruz mit dem Hafen Corumba am Paraguayfluß sowie Santa Cruz und Yacuiba an der argentinischen Grenze, an der sie Anschluß an das brasilianische bzw. argentinische Bahnnetz finden[13]. Damit wurde das alte Siedlungsgebiet Santa Cruz mit Hochlandmärkten verbunden.

Die ersten Kolonien findet man schon in den zwanziger und dreißiger Jahren in Chapare wo eine 180 km lange Straße gebaut wurde, von Cochabamba weiter nach Puerto Chipiri, wo sie Anschluß an die Schiffahrt auf dem Chapare-Mamore-System gewinnt. Damit konnten auch hier Besiedlung und ackerbauliche Nutzung in größerem Umfang einsetzen. Heute führt die Straße weiter nach Santa Cruz, so dass hier der ganze Nordabfall des ostbolivianischen Berglandes erschlossen ist. Am Oberlauf des Beni Flußes, im Alto Beni, bestand die Möglichkeit La Paz und das Konsumgebiet des Titicacabeckens zu verbinden. Die 90 km lange Straße liegt zwischen den Städtchen Corioco und Chulumani. Das war der dritte Kolonisationsraum; bis 1967 hatten sich in diesen drei Kolonisationsgebieten etwa 17.600 Siedler[14] niedergelassen .

4.   Die Bodenreform und die Kolonisationssyteme

Die soziologischen Gegebenheiten hinderten eine stärkere Abwanderung der indigenen Bevölkerung aus dem dichter besiedelten Hochland ins Tiefland. Erst nach der Revolution von 1952 wurden Maßnahmen ergriffen welche die wirtschaftliche und soziale Lage der Urbewohner im ganzen Lande änderten; sie wurden politisch und ökonomisch in die bolivianische Gesellschaft integriert. Die Regierung sah ein, dass man die ländliche und soziale Besitzstruktur ändern musste, um rückständige Agrarverhältnisse zu verbessern. Der Großgrundbesitz wurde aufgeteilt und die maximale Betriebsgröße neu definiert.

Ein Jahr nach der Revolution bemüht sich die bolivianische Regierung um eine Bodenreform; die indigene Bevölkerung, Campensinos genannt, wurden angesprochen im Tiefland Boliviens Gebiete anzusiedeln und diese auch zu bearbeiten, konnten sich mit diesem Schritt

---

[13]. Finanziert von Brasilien und Argentinien da beide Länder eigene Erdölinteressen vertraten.
[14]. Vgl. Schoop, Wolfgang: Vergleichende Untersuchungen zur Agrarkolonisation der Hochlandindianer am Andenabfall und im Tiefland Ostboliviens, Aachener Geographische Arbeiten, Heft 4, Wiesbaden 1970, S. 230.

von der vorherrschenden Knechtschaft befreien und erhielten Kredite zum Warenkauf und zur Überbrückung der ersten Zeit bis zur Ernte.

Tabelle 1: Die maximalen Betriebsgrößen für das Entwicklungsgebiet
Santa Cruz, festgelegt im Rahmen der Agrarreform 1953

Landwirtschaftlicher Kleinbetrieb	50 ha
Landwirtschaftlicher Mittelbetrieb	500 ha
Moderner landwirtschaftlicher Großbetrieb	2 000 ha
Viehwirtschaftliche Betriebe	50 000 ha

Quelle: Heath, D.B.: Land Reform and Social Revolution in Bolivia, New York, 1969, S.36.

Die Bevölkerungsumsiedlung in die östlichen Teile des Landes erfolgte bisher im Rahmen verschiedenartiger Kolonisationssysteme. Grundsätzlich lassen sich, wenn man als Klassifikationskriterium den Grad der Planung die Vorbereitung und die Betreuung der außerwählten Gebiete heranzieht, drei Kolonisationssysteme unterscheiden: die spontane, die dirigierte und die semidirigierte Kolonisation[15].

4.1   Die spontane Kolonisation

Bei dem System der spontanen Kolonisation bekommen Ansiedlungen keinerlei Unterstützung seitens einer amtlichen oder halbamtlichen Planungs- oderBetreuungsorganisation. Das sind:

a) Unternehmungen der Bauerngewerkschaften / Eisenbahner / Fabrikarbeitergewerkschaften;
b) Religiöse Gruppen: Adventisten, Methodisten, Quäker;
c) Wild angelegte Ausliegerkolonien.

Die besiedelten Räume sagen aus bestimmten Gründen den Kolonisten zu, ohne der gezielten Absicht der Kolonisation. Falls später diese Kolonisten technische, soziale und finanzielle staatliche Unterstützung erhalten, passiert dies nur um neu entstandenen Bevölkerungskernen lebensnotwendige öffentliche Leistungen zukommen zu lassen; es handelt sich hier nicht um Kolonisationspolitik. Ausgeprägte Spontansiedlungen der 50er Jahre waren Chapare, mit der Ausnahme von Chimore, sowie die Provinz Nord-Yungas mit dem Schwerpunkt Caranavi.

Die *Abbildung 3* auf der kommenden Seite bezieht sich auf die Jahre 1965-1968 und zeigt die Größe der Kolonien im Raum Caranavi. Zu dieser Zeit und auf dieses Gebiet bezogen lag die Durchschnittszahl der Siedlerstellen bei 33 Stellen[16].

Abbildung 3: Die Größe der Kolonien im Raum Caranavi

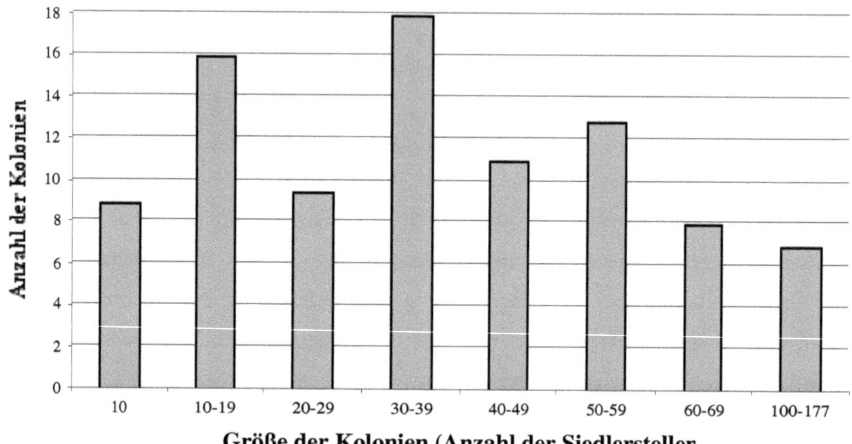

Quelle: Schoop, Wolfgang: a.a.O., S 47.

4.2 Die dirigierte Kolonisation

Die dirigierten Kolonien sind dem nationalen Kolonisationsinstitut unterstellt. In der Phase der Vorkolonisation wird das Kolonisationsgebiet ausgewählt, eine Straße gebaut, die regionale Infrastruktur ausgebaut, wie Wirtschaftswege, Schulen, Krankenhäuser, Brunnen, etc. und die Siedler werden in den dichtbevölkerten Gebieten angeworben und ausgewählt . Bei der eigentlichen Kolonisation wird ein für die Kolonisten verbindlicher Produktionsplan erstellt, der sogenannte "Hektar Einteilungsplan", die Arbeitszeiten festgesetzt und eventuell Druck zum Beitritt zu einer Produktionsgenossenschaft ausgeübt[17]. Der Absatz wird organisiert, Weiterbildung ermöglicht und verschiedene Hilfen werden zur Verfügung gestellt: Lebensmittel bis zur nächsten Ernte, Arbeitsgeräte, Wäsche, Medikamente,

---

[15]. Vgl. Junta Nacional de Planificación y Coordinación Económica, Plan General de Desarrollo Economico y Social, Bd. II, Quito, 1963, S. 5 ff.
[16]. Vgl. Schoop, Wolfgang: a.a.O., S. 47.
[17]. Vgl. Monheim, Felix: Bevölkerung und Wirtschaft in den Gebirgen der Tropen, erläutert am Beispiel der bolivianischen und peruanischen Anden, München, 1975, S. 47.

Gewährung von Krediten. Die ersten dirigierten Kolonien waren Yapacani, Chimore und Alto Beni II. Dieses Konzept zeigt nochmals die *Abbildung 4* auf der nächsten Seite.

Abbildung 4: Das Organogram der dirigierten Zone Alto Beni II (Juli 1967)

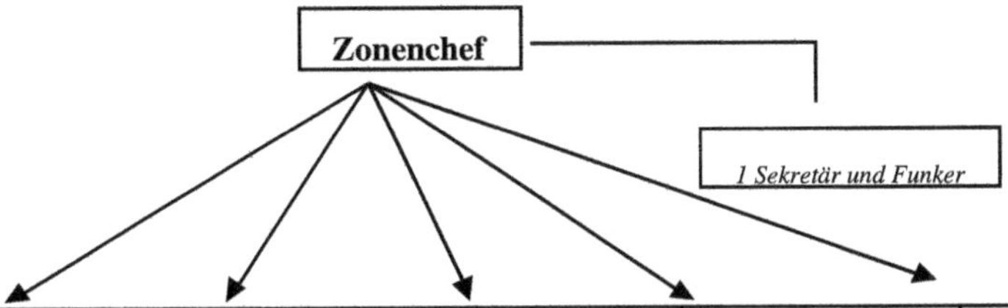

Zonenchef

1 Sekretär und Funker

Bauingineur	Abteilungsleiter für Finanzen und Verwaltung	Landwirtschafts-ingineur	Soziologe	Arzt
2 Vermesser	5 Angestellte	2 Agrartechniker	18 Lehrer	5 Sanitäter
2 Vorarbeiter	2 Chauffeure	8 Feldassistenten	1 Sozialarbeiterin	1 Kranken-schwester
10 Hilfskräfte	1 Mechaniker	1 Leiter der Pflanzgärten	2 Hauswirtschafts-beraterinnen	
		25 Hilfskräfte	2 Hauswirtschaftsas-sistentinnen	

Da die Siedler über keinerlei Tropenkenntnisse verfügten, musste, um einen marktorientierten Betrieb zu erschaffen, das Verwaltungs- und Betreuungssystem von Anfang an stark patriarchalisch führen. Die oberste Leitung hatte der Zonenchef[18].

4.3   Die semidirigierten Kolonien

Das sind selbständige, ehemals geförderte Kolonien mit dem Schwerpunkt im Norden von Santa Cruz. Hier entstanden Ansiedlungen auf Initiative der ehemaligen nationalen Entwicklungsbehörde CBF (Corporación Boliviana de Fomento) oder mit Unterstützung des bolivianischen Heeres. In der Provinz Santisteban entstanden die Kolonien Aroma und Cuatro Ojitos, die sehr schnell zu Zentren der Zuckerrohrproduktion evolvierten. Die Zuckerrohrbauproduktion war ein Programmpunkt der CBF und deshalb wurde auch

---

[18]. Vgl. Schoop, Wolfgang: a.a.O., S. 146.

Zuckerrohr als Marktprodukt eingeführt. Die Zuckerrohrproduktion verbreitete sich viel zu schnell und führte zur Überproduktion[19]. Dies veranschaulicht die *Abbildung 5.*

Abbildung 5: Die Zuckerrohrproduktion in Tonnen in den Kolonien
Aroma und Cuatro Ojitos, Santa Cruz, 1958-1975

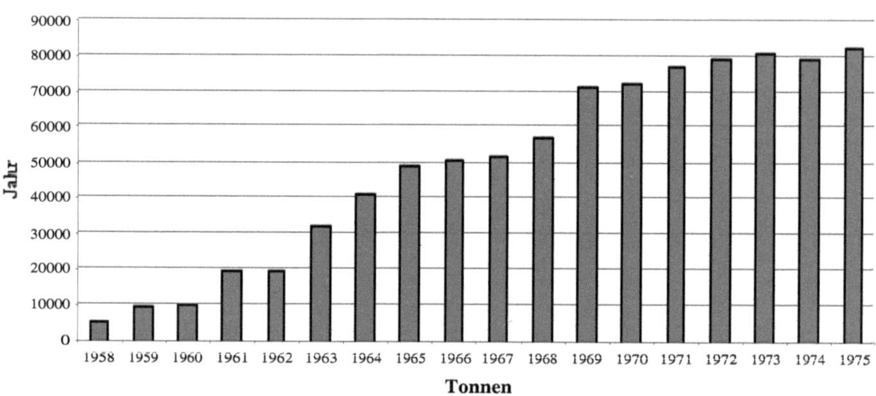

Quellen: 1958 - 1969 Schoop, Wolfgang: a.a.O. s. 123;
1970 - 1975 INE, 1978, eigene Berechnungen.

5.   Die Bewertung der Kolonisationssysteme

Alle Kolonisationssysteme weisen Nachteile auf. Die spontane Kolonie entsteht oftmals in Gebieten deren landwirtschaftliche Eignung fraglich ist, die Betriebsgröße kann zu klein sein und Mangel an technischen und finanziellen Hilfen erschwert die Marktproduktion. Auf der anderen Seite sind die dirigierten Kolonien sehr kapitalintensiv. Die verschiedenen Hilfeleistungen, die in einer spontanen Kolonie fehlen werden hier über Kredite von diversen internationalen Organisationen oder Banken bezogen (z.B. World Bank); die Kolonisten erhalten Kredite von der Agrarbank oder der Interamerikanischen Entwicklungsbank (BID). Das benötigte Personal für die Erstellung der Pläne braucht auch viel Zeit, um sich mit den Problemen in den Gebieten auseinanderzusetzen und der "Dirigismus und Paternismus"[20] kann durchaus Eigeninitiativen ersticken. Die Vorteile der dirigierten Kolonie sind: die Auswahl landwirtschaftlich gut nutzbaren Gebiete, Planung und Förderung der Produktion, Lenkung der Produktion auf Güter mit guten Absatzmöglichkeiten, Versorgung mit

---

[19]. Vgl. Köster, Gerrit: Santa Cruz de la Sierra (Bolivien) - Entwicklung, Struktur und Funktion einer tropischen Tieflandstadt, Aachener Geographische Arbeiten, Heft 4, Aachen, 1978.

[20]. Vgl. Reye, Ulrich: Regionale Entwicklungspolitik im Osten Boliviens, Arbeitsberichte des Ibero-Amerika-Instituts für Wirtschaftsforschung, Heft 2, Göttingen, 1968, S. 30.

technischen und sozialen Infrastrukturen und rationelle Organisation des Vermarktungsprozesses. Bei der spontanen Kolonie handelt es sich um eine für den Staat kostengünstige Massenumsiedlung und die spontanen Kolonisten sind in der Regel opferbereiter.

Die semidirigierte Kolonie sollte die Nachteile dieser zwei Systeme vermeiden, und Vorteile nutzen; dies ist aber in der Praxis schwer Einhaltbar.

6.   Die Herkunftsgebiete der Kolonisten

Die Heimat der Kolonisten liegt meistens im bolivianischen Gebirgsland (Altiplano, 3500 - 4500 m). Die Kolonisten sind überwiegend landwirtschaftliche Arbeiter und Besitzer von Kleinstbetrieben (Campensinos), Bergarbeiter und Arbeitslose. Als Probleme bei der Umsiedlung werden oft biologische Merkmale genannt; der Hochlandindianer aus dem kühlen Hochlandklima fühlt sich in feucht-heißen tropischen Tiefland nicht wohl.

Neben der Krankheitsanfälligkeit treten auch psychische Probleme auf, die sich aus dem ungewohnten Milieu ergeben. Anstelle der offenen Punalandschaft kommen im Tiefland Baumsavannen, Savannenwälder und teilweise auch dichte tropische Regenwälder vor. Andere Bodenbearbeitungsmethoden und Wechsel der Kulturpflanzen führen zur Umstellung der Ernährungsgewohnheiten. Die sozialen Bindungen der Hochlanddörfer und der Familie werden im neuen Gebiet nicht erhalten und die Sprache ist nicht die gleiche[21], was Reduzierung der menschlichen Kontakte zur Folge hat.

Tabelle 2: Die Siedlungsentwicklung 1964 - 1966 im Gebiet 2 des Alto Beni

Jahr	Zuwanderung	Abwanderung absolut	Abwanderung in % der Zuwanderung	Zahl der Siedler am Jahresende
1964	300	94	31%	206
1965	915	446	49%	675
1966	664	664	52.5%	990
1967	*1879*	*889*	*47%*	*990*

Quelle: Monheim, Felix: Agrarreform und Kolonisation in Peru und Bolivien, Beiträge zur Landeskunde von Peru und Bolivien, Geographische Zeitschrift, Heft 20, Wiesbaden, 1968. S 49.

---

[21]. *Aymaras* spricht man im mittleren und nördlichen Altiplano und *Quechua* in den Beckenlandschaften ostbolivianischer Berglandes. Vgl. Monheim, Felix: a.a.O..

Dies sind sicherlich auch Gründe für die Fluktuation der Kolonien. Den Zuwanderungen steht eine starke Abwanderung gegenüber, wie in der *Tabelle 2* sichtbar. Dabei ist zu Unterscheiden zwischen der Abwanderung nach einem bestimmten Aufenthalt in der Kolonie und der inneren Fluktuation die durch den Wechsel der Parzellen entstehen. Die meisten Kolonisten kehren nicht zurück in das Hochland; sie bleiben im Tiefland und besiedeln ein neues Gebiet. Solch ein Verhalten zeigt das die Siedler doch nicht so schnell aufgeben.

Außer der innerbolivianischen Kolonisation existieren in Bolivien auch ausländische Kolonien von Einsiedlern Vorwiegend aus Japan, Kanada, Italien und Deutschland. Die Immigrationsförderung wurde zunächst im Raum Santa Cruz verwirklicht; zwischen 1956 und 1962 entstanden die Kolonien Okinawa I -III die von USA und Japan unterstützt wurden. Italiener gründeten San Miguel, südlich von Montero. Nördlich von Cotoca in Tres Palmas bekamen deutsche und kanadische Mennoniten das Land durch private Baumwollanbaugesellschaften (Cia Algodonera de Sta Cruz).[22]

Die ausländischen Kolonien wurden gerne von der bolivianischen Regierung gesehen, da diese in vielen Fällen von den ausländischen Regierungen finanziert wurden. Außerdem wußte man nicht, ob die Urbewohner einer besseren Versorgung des Marktes beitragen können. Also erlaubte man die Einwanderung ausländischer Siedler, die sich auf Marktproduktion spezialisieren und durch ihr Beispiel die Ureinwohner zu entsprechenden wirtschaftlichen Verhalten anregen sollten.

Nach den ersten Ergebnissen waren einige ausländische Kolonien erfolgreich. Was die Regierung enttäuschte war, dass die erzieherische Wirkung nicht allzu groß war. Die Marktproduktion war auf die Dauer auch nicht Nennenswert[23].

7.   Die Neusiedlungsgebiete

Das Klima der Kolonisationsgebiete ist das Klima der äußeren Tropen, obwohl in bestimmten Zonen große klimatische Unterschiede bestehen. Chapare ist zum Beispiel immer 2°C - 3°C wärmer als in den benachbarten Räumen. Die Jahresmitteltemperatur liegt bei 25° C. Als Eigenart treten im Raum Santa Cruz "surazos" auf, Kaltlufteinbrüche, die das Thermometer in Juni/Juli in wenigen Stunden bis zu 10°C sinken lassen[24].

---

[22]. Diese Kolonien sind nur im Vergleich relevant für diese Arbeit.
[23]. Vgl. Reye, Ulrich: a.a.O., S. 66 ff.
[24]. Vgl. Schoop, Wolfgang: a.a.O., S.21.

Wanderfeldbau und Landwechselwirtschaft sind immer noch in den Kolonisationsgebieten weit verbreitet. Die Form der Urbanmachung ist die Brandrodung und die maschinengerodete Brandrodung. Für die Selbstversorgung werden Bananen, Reis, Mais, Maniok und Haluza angebaut, für den Markt Reis, Mais, Zuckerrohr, Baumwolle, Kaffee und Kakao. Der wichtigste Zweig der Viehzucht ist die Rinderhaltung, ausgerichtet auf Fleischproduktion, weniger auf Milchversorgung.

Eine sehr wichtige Voraussetzung für eine Kolonie ist ebenes und überschwemmungssicheres Gelände mit tiefgründigen, unverbrauchten Böden. Zum Beispiel war bei der Kolonie Yapacani die verkehrsgeographische Bedeutung der Kolonisationsachse als Teil der Andenstraße wichtiger. Charakteristisch für geplante Kolonien ist auch die Anlage von Haupt- und Querachsen auf die Parzellen von 12-13 ha stoßen. Die spontanen Kolonien werden meist nur von einer Durchgangsstraße erschlossen, was die Siedler an den Straßenfernen Parzellen benachteiligt; sie müssen die Ernte mühsam weit zur nächsten Straße transportieren. Dirigierte Kolonien verfügen aber über ausreichende Straßen, die wenigstens in der trockenen Periode befahrbar sind.

Die Wasserversorgung ist ein wichtiger Punkt in der Kolonie. In dirigierten Kolonien wurden die Pumpen eingeplant (12 Siedler pro Pumpe), ansonsten wurde jegliches Wasser benutzt, was oft zu Krankheiten führte.

In dirigierten Kolonien wohnen die Siedler auf Parzellen. In den spontanen Kolonien dagegen erkennt man eine Tendenz zum gemeinschaftlichen Siedeln. Die Häuser werden oft mit einheimischen Material gebaut (Natursteine, Bambus, etc); findet man Decken der Häuser mit Wellblech oder stößt auf Verwendung von Ziegelsteinen, deutet dass auf Wohlstand.

8.   Die Agrarkolonisation in den letzten Dekaden

In der Literatur finden sich meistens Betrachtungen aus den Agrarreformjahren welche die Struktur, erste Erfolge und Analysen der Kolonisationsgebieten zeigen, zeitlich oft nur bis 1970. Die politischen Ereignisse der bolivianischen Geschichte haben die Bevölkerungsbewegungen der letzten Zeit in den Schatten gestellt und man bekommt den Eindruck, dass die Agrarkolonisation aufgehört hatte.

Dies ist aber nicht der Fall. Bolivien ist immer noch ein Agrarland und kolonisierbare Flächen sind immer noch vorhanden. Das was sich geändert hat ist, dass viele einheimische kolonisationsfördernde Institutionen in der letzten Zeit geschlossen wurden und die Geldgeber für die Erschließung neuer Gebiete andere Länder sind, internationale Organisationen, ausländische Firmen und/oder Stiftungen.

Dänemark ist ein Land, das sich seit 1995 intensiv um Investitionen für die Entwicklung Bolivien kümmert. Einige Projekte des Königreiches Dänemark beinhalten Unterstützung in der agrokultureller Ausbildung, Weiterentwicklung besserer Milchversorgung des Landes und die Unterstützung der Agrarkolonisation in dem Departement Potosi[25].

In den siebziger Jahren wurde die Kolonie San Julian gegründet, und vorwiegend mit Quetchua Angehörigen aus dem Hochland besiedelt. Die Kolonie verfügt über 150.000 Hektar Land. Die Infrastruktur ist gut, es gibt Schulen, genügend Wasser, ausreichend Krankenhäuser. In den neunziger Jahren hat sich die Stiftung Novartis entschlossen einen Test-Projekt in der Kolonie San Julian zu machen, indem sie bessere Sorten Reis, Mais, Baumwolle und einige Früchte angebaut haben. Das Resultat fünf Jahre später war für die beteiligten Bauern eine angebliche Umsatzsteigerung von 120%[26].

Im Süden von Bolivien, in der Region Tarija, hat sich ein eigenes Weinbaugebiet etabliert[27]. Bolivien zählt weder im internationalen Vergleich noch in Südamerika zu den bedeutenden Weinbauländern., dennoch hat der Weinbau in ausgewählten Landesteilen Boliviens eine dominierende regionale wirtschaftliche Bedeutung. So leben im Valle Central im Bereich der Stadt Tarija ca. 1200 Familien, davon sind einige Zuzügler aus den Dörfern am Altiplano, als selbständige Bauern direkt vom Traubenanbau und weitere mehrere tausend Familien indirekt vom Weinbau.

---

[25]. Ausführliche und Aktuelle Informationen über die Aktivitäten des Königreiches in Latein Amerika: Home, online im Internet, <http://www.gov.dk>, [zugegriffen am 19.03. 2004].

[26]. Novartis ist eine internationale Stiftung die sich an solchen Projekten Beteiligt. Vgl. Novartis, Home, online im Internet, <http://www.foundation.novartis.com>, [zugegriffen am 19.03. 2004].

[27]. Vgl. Schoop, Wolfgang: Die bolivianischen Departmentszentren im Verstädterungsprozeß des Landes, Wiesbaden 1970, S. 136.

1986 begann CODETAR (Coorperacion Regional de Desarrollo Tarija) in Zusammenarbeit mit den Vereinten Nationen ein Entwicklungsprogramm[28]. Im Rahmen dieses Programmes wurde das Weinbauzentrum "Centro Vitivinicola de Tarija" (CEVITA) erbaut, ein ampelographisches Sortiment (20 Unterlagen, 40 Vitis vinifera-Sorten) angepflanzt und Labor- und Kellerräume installiert.

Zur Zeit erlebt das Gebiet einen enormen Weinbauboom. Bedingt durch hohe Preise in Argentinien, einem enorm gestiegenen Wein- und Singaniabsatz und zunehmende Singaniexporte ist eine stark steigende Nachfrage nach Trauben zu beobachten.

Nach den Angaben vom Zentrum Vitivinicola in Tarija beträgt die Anbaufläche ca. 3000 ha und ist auf den Süden Boliviens konzentriert. Dabei erfolgt keine Unterscheidung in den Anbau von Tafel-, Keltertrauben und den Traubenanbau für die Singaniproduktion, da die wichtigste Sorte Moscatel für alle Produktionsrichtungen genutzt wird.

Tabelle 3: Die Weinbaukolonie in Tarija, 1994

Anbaufläche	3 585 ha
Produktion	20 691 t
Hektarertrag	5 416 kg/ha
Bewässerte Anbaufläche	1 878 ha

In der Regel werden zumindest im Gebiet Tarija wesentlich höhere Hektarerträge und damit wesentlich höhere Produktionszahlen genannt. Dabei ist der Weinbau die Kultur, mit der ein monetäres Einkommen erwirtschaftet wird, während der Anbau von Obst, Gemüse und Getreide meist der Selbstversorgung dient.

Diese Struktur, ein bäuerlicher Anbau und die Notwendigkeit der Kellereien mit den Bauern als Trauben- und damit zentralen Rohstofflieferanten eine Zusammenarbeit zu finden, sind günstige Voraussetzungen für die Entwicklung eines Weinbaugebietes.

---

[28]. Vgl. Löhnertz, Otmar/ Wolf, Helmut: Weinbau in Bolivien, Fachgebiet Bodenkunde und Pflanzenernährung, Geisenheim, 1996.

9.   Exkurs: Der Anbau der Koka

Die Koka ist eine der ältesten kultivierten Pflanzen in Lateinamerika. Es handelt sich um Sträucher oder kleine Bäume bis zu 3m Höhe. Es werden nur die Blätter geerntet; drei und mehr Ernten pro Jahr sind möglich. Sie ist ein Strauch aus der Familie der Erythroxylazeen. Es sind etwa 250 verschiedene Varianten bekannt. Von diesen 250 sind etwa 200 Arten in Amerika heimisch, hier vorwiegend im Bereich der Tropenzone, aber es gibt auch einige Arten in der Karibik und in Amazonien. Nur wenige Sorten sind brauchbar, also für das Kauen oder die chemische Bearbeitung zur Kokainherstellung geeignet. Vermarktet werden in erster Linie die "Boliviana" (nach einem peruanischen Departement auch "Huanuco" genannt), in den feuchten Tälern des Übergangs der Anden zum tropischen Tiefland angebaut - und zwar vom Süden Ecuadors über Peru bis nach Bolivien sowie die "Koka Trujillo". Trujillo ist eine Großstadt an der Nordküste Perus. In Bolivien innerhalb von 20 Jahren die Produktion von Kokablättern um das ca. 40-50 fache gestiegen ist. Verbunden damit ist dann natürlich auch die Vergrößerung der Anbaufläche, die um das 20-30 fache, im Vergleich zu 1970, angewachsen ist.

9.1   Die traditionellen Anbaugebiete

Seit jeher wird die Kokapflanze auch in den Yungas Boliviens wie in anderen Gebieten der Ostanden angebaut. Bis heute wird die heilige Pflanze auf kleinsten Flächen kultiviert. Und zwar in durch Steinmauern befestigten Kleinterrassen oder in treppenartig angeordneten einzelnen Zellen von 50 cm Breite und 40 bis 80 cm Höhe ("huachos","tacamas")[29]. Somit ist auch der Anbau auf steinigen Böden und auch an Steilhängen möglich. Zugleich aber ist auch eine optimale Ausnutzung des Raumes und eine gute Versorgung an Wasser, zirkulierender Luft, Wärme und Nährstoffen erreicht. Die Verwendung von Terrassen, welche auch teilweise mit Vertiefungen versehen sind, von Schattenbäumen sowie von zusätzlichen Kulturen (im Mischanbau) während der Initialphasen des Anbaus zeigt deutlich auf, dass das Wissen um den erosiven Charakter der Koka Kulturen und die zur Vermeidung von Schäden zu ergreifenden Maßnahmen vorhanden war und ist.

---

[29] Die ersten nachgewiesenen Koka-Anbaugebiete lagen im Nordosten Südamerikas im Bereich des heutigen Kolumbien und Venezuela bei den Arhuacos in den Tälern der Zuflüsse zum Rio Cauca, Orinoco und Rio Negro. Doch durch aus Mesoamerika nachdrängende Stämme mussten die Arhuacos zum Teil nach Süden ausweichen und dadurch gelangte die Koka in die Gebiete alteingessener Stämme.

Der Kokastrauch ist imstande, selbst auf sehr sauren, aluminiumreichen, nährstoffarmen und skelettreichen Böden zu gedeihen. Jedoch dürfen diese Böden als einzige Grundvorraussetzung keine Staunässe oder Durchsickerung aufweisen. In einigen Gebieten sind die Böden derart ausgelaugt, sei es nach vieljähriger Kultur der Kokapflanzen oder aber von Natur aus, dass keine andere Kulturpflanze dort mehr zu wachsen vermag. So wäre also auch eine Substitution des Koka Anbaus dort nicht mehr möglich. Der Boden in den traditionellen Ländern wird nach 30-40 jähriger Kultur durch eine mehrjährige Brachezeit und meist folgenden Anbau von Yucca, Bananen oder bestimmten Fruchtbäumen verbessert, indem eine vielfältige Blattstreu die Nachlieferung von Nitrat und notwendigen Kationen (Kalium, Magnesium, Calcium) ermöglicht und die saure Bodenreaktion vermindert. Nach wenigen Jahren erneuten Koka Anbaus stellt sich wieder ein dauerhaftes Gleichgewicht zwischen der Nährstoffentnahme durch Ernte der Blätter und der Nährstoffnachlieferung durch Zersetznug der Blattstreu und Verwitterung des Gesteins ein. Eine weitere Nährstoffzufuhr erfolgt darüber hinaus mit Hilfe von Pilzen, die sich besonders gerne in großen Mengen an den Wurzeln der Kokapflanze niederlassen. Auf diese Art und Weise ist der Kokaanbau über mehrere Jahre und Jahrhunderte auf ein und derselben Fläche möglich, ohne dass Dünger hinzugefügt werden muss oder aber auch nur eine geringe Erosionsgefahr besteht. Dagegen führt die Entwaldung mit anschließendem Anbau anderer Kulturpflanzen oft bereits nach wenigen Jahren zur Aufgabe der Flächen, wenn sich deutlicher Nährstoffmangel und Bodenabtrag einstellen. Daraufhin entwickeln sich artenarme und wenig ertragreiche, trockene Weiden mit Adlerfarn.

9.2   Das Drogenland Bolivien

Traditionell wurde zwar auch in Bolivien Baumwolle angebaut, doch spätestens Mitte/Ende der siebziger Jahre des letzten Jahrhunderts wurde den Plantagenbesitzern klar, dass, weit größere Gewinne durch den Kokaexport zu erzielen sind. In Bolivien werden heute ca.30 % der Kokasträucher Lateinamerikas angebaut. Das Drogengeschäft in Bolivien hat einen weitaus prägenderen Charakter für die Wirtschaft, als in anderen lateinamerikanischen Ländern. Schon Anfang der achtziger Jahre hatten die Kokaexporte einen Wert von über 2 Mrd. US$, während die statistisch erfaßten Exporte des Landes nur ca. 1 Mrd. US$ pro Jahr erreichten. Die Kokaexporte bestanden hauptsächlich aus dem Zwischenprodukt, der

Kokapaste. Mitte der achtziger Jahre erzielte die Drogenindustrie in Bolivien eine Wertschöpfung, die mindestens so groß war wie das gesamte übrige statistisch erfasste Sozialprodukt des Landes, das ca. drei Mrd. US$ beträgt. Anfang der neunziger Jahre betrug das Bruttoprodukt der Kokainwertschöpfung ca. vier Mrd. US$ jährlich.

9.3   Die Alternativen

Seit Jahren wird versucht, das Drogenproblem mit immer härteren Maßnahmen in den Griff zu bekommen. Resultate sind aber bisher noch nicht sehr befriedigend, so dass die Drogenpolitik immer kritischer hinterfragt wird. Rasch deutlich wird die Hilflosigkeit und das Dilemma der Drogenpolitik, wenn man sich die möglichen Methoden der Drogenbekämpfung unter den Gesichtspunkten ihrer "politischen Realisierbarkeit" einerseits und ihrer (potentiellen) "Effizienz" andererseits vergegenwärtigt. Harte Bekämpfungsmethoden sind Repressionsverfahren verschiedenster Art. Gegenüber dem Konsumenten oder den Produzenten eingesetzt, wären sie wohl sehr effizient, aber nicht realisierbar, da man nicht alle Konsumenten einsperren oder alle Felder vernichten kann. Diese Maßnahmen sind also rein hypothetisch. Repression gegenüber dem Drogenhandel aber ist politisch realisierbar, jedoch in unterschiedlichen Ausmaß in den verschiedenen Ländern. Die Effizienz hingegen ist nur von geringem Erfolg gekrönt. So gibt es Methoden, die einerseits zwar potentiell effizient wären, aber nicht realisierbar sind. Andererseits gibt es Methoden, die zwar politisch durchsetzbar sind, sich aber als wenig effizient erweisen. Große Hoffnungen werden deshalb in die "weiche" Bekämpfung der Drogenproduktion in Form von alternativer Entwicklung gesetzt, die immer mehr Staaten und Regierungen praktizieren.

Das Hauptziel der Politik der alternativen Entwicklung ist es, dem Drogensektor die rohstoffliche Grundlage und damit die gesamte Basis zu entziehen. Am Anfang der Kette stehen die Kokabauern. Ziel der alternativen Entwicklung ist es nun, die Kokabauern dazu zu bewegen und ihnen auch dabei zu helfen, andere (sog. alternative) Kulturen anzupflanzen. Hierbei handelt es sich um z.B. um Zitrusfrüchte, Kaffe, Reis, Soja, Kakao, Bananen usw. Man möchte den Bauern eine Existenzgrunglage geben, damit sie Koka mehr anbauen müssen. Zum Teil gibt es als Anreiz auch Entschädigungszahlungen. Die Grundidee ist relativ einfach. Wird als Folge alternativer Möglichkeiten kein Koka mehr angebaut, kann auch kein Kokain mehr hergestellt werden. Dem Drogensektor ist die Grundlage entzogen und er fällt als Folge in sich zusammen. Die Einkünfte aus dem unterschiedlichen Fruchtanbau sind aber nicht mit denen vom Kokaanbau zu vergleichen. Dementsprechend schwer ist es, die Bauern von den alternativen zu überzeugen.

Es gibt aber Beispiele die zeigen, wie man die Koka noch nutzen kann. In Peru kauft die Staatsfirma ENACO Kokablätter zu einem höheren Preis als die Drogenmafia auf und vertreibt Koka-Tee in Beuteln. In Bolivien ist ein Koka-Wein sowie eine Koka-Limonade auf dem Markt. Weiterhin sollen Koka Produkte für Diät-Kuren hergestellt werden und ein Koka-Kaugummi als Appetitzügler wird ebenfalls erprobt.

10.   Zusammenfassung

Der Kolonisationsprozes in Bolivien, die erste systematische Umsiedlung Latein Amerikas, könnte man als einen wirtschaftlichen Erfolg ansehen. Die Agrarkolonisation war ein guter Ausweg aus der damals vorhandenen Wirtschaftsstagnation, und die Erschließung neuer Räume in die landwirtschaftliche Nutzung ein gelungenes Projekt um die Bevölkerungsdichte in den Anden zu reduzieren und die Vergrößerung der landwirtschaftlich benutzen Flächen durchzuführen.

Die Anbauflächen bei Reis wurden verdoppelt, die Importe gingen Schlagartig zurück; 1965 brauchte nur noch 2% der früheren Importmenge eingeführt werden. Die Bananenproduktion der 60er Jahre zeigt das die Kolonisten mit 2/3 beteiligt waren. Kokaproduktion erreichte gleiche Werte, Kaffee und Zitrusfrüchte kamen etwa zu einem Zehntel bis einem Fünftel aus den indigenen Kolonien. Nur die Maisproduktion war ziemlich gering und die Viehzucht blieb rückständig.

Nennenswert ist dass die breite Bevölkerung über Bargeld verfügte, und am Marktgeschehen teilnehmen konnte. Vor der Revolution waren noch mehrere Knechtverhältnisse und entgeltlose Arbeitsleistungen an der Tagesordnung.

Die Kolonien hatten auch Einfluß auf die Umgebung. Die Tieflandbewohner beteiligten sich auch an der Landnahme und immer mehr Kolonien wurden gegründet. In dem Gebiet um Santa Cruz lebten bis 1960 in Kolonien, zwischen 3 500 und 4 500 Menschen auf einer Fläche von 67 000 ha (Vgl. Tab. 2, S. 16). Der Raum wurde durch sekundäre Kolonien geprägt, d.H. durch Kolonien die im Raum neben den geplanten Kolonien entstanden da dort die Verwandschaft und der Bekannntenkreis der Kolonisten eine Siedlung gründeten. Im Hochland waren die wirtschaftliche und soziale Auswirkungen zu spüren; die Siedler und Erntearbeiter hatten durch Tauschverfahren tropische Feldprodukte in großen Mengen ins Hochland gebracht. Das trägt dazu bei die Ernährung der gesamten Bevölkerung des Landes reichhaltiger zu gestalten.

Nicht alle Kolonien waren erfolgreich; wenn zum Beispiel die Planung bessere Böden vorsah, mussten die Kolonisten umziehen und woanders ihr Zentrum bauen.

Heute sind noch Kolonien von Bedeutung, obwohl die bolivianische Regierung die Planung, Kontrolle und finanzielle Hilfe den ausländischen Interessenten überlassen hat. Einige Regionen sind mittlerweile starke selbständige Zentren, wie z.B. die Region Santa Cruz. Heute ist die Zuckerrohrproduktion nicht mehr so wichtig, aber dieses Gebiet haltet immer noch eine wirtschaftlich fortschrittliche Stellung die sie nach der Bodenreform gewonnen hat.

Literaturverzeichnis

Albó, Javier (Hrsg.): "Bodas de plata?" O requiem por una reforma agraria, 1. Auflage, La Paz, Bolivien, 1979.

Albó, Javier: De MNRistas a Kataristas: Campesinado, estado y parridos, 1953-1983. Aus: Historia Boliviana, Cochabamba, Bolivien, 1985, S. 87-127.

Anterana E., Luis: Proceso y sentencia a la reforma agraria en Bolivia, 1. Auflage, La Paz, Bolivien, 1979.

Büngener, Ulrich: Agrarräumliche Entwicklung in Ostbolivien am Beispiel der Koloniezentren Puesto Fernandez und Yapacani, 1. Auflage, Aachen 1990.

Bolivia: The Poverty of Progress. Aus: NACLA report on the Americas, New York, USA, 1991, S. 10-38.

Buchholz, Hanns J. (Hrsg.): Bolivien : Beiträge zur physischen Geographie eines Andenstaates, 1. Auflage, Hannover, 1985.

Cappelletti, F.: Informe al Gobierno de Bolivia sobre Colonización. FAO, Informe No. 1927. Rom o.J, 1966.

Carranza Fernandez, Gontran (Hrsg.): El proceso historico de la planificacion en Bolivia, 1. Auflage, La Paz, Bolivien, 1975.

Centro de informacion y documentacion Boliviano (Hrsg.): Dario: Un campensino antes y desputes de la reforma agraria, 2. Auflage, La Paz, Bolivien, 1979.

Eastwood, David A./Pollard, H. S.: The development of colonisation in Lowland Bolivia: Objectives and evaluation, an historical overview 1531-1984. Aus: Boletin de estudios Latinoamericanos y del Caribe, Amsterdam, Niederlande, 1985, S. 61-82.

Fiesel, Ursula: Huaraco: Una comunidad campensina en el Altiplano central de Bolivia: Observaciones sobre plantas, tierra y vita de la gente. 1. Auflage, La Paz, Bolivien, 1989.

Garcia Arganaras, Fernando: Bolivia´s Transformist revolution, Aus: Latin America Perspectives, Newbury Park, USA, 1992. S 116-136.

Hatrius, Thilo: Towards a development Strategy for Bolivia´s agricultural sector. Aus: Quaterly Journal of international Agriculture, Frankfurt/Main, S. 195-211.

Healy, Kevaus: A recipe for sweet success: Consensus and self-reliance in Alto Beni. Aus: Grassroots Deelopment, Rosslyn, USA, 1988, S. 32-40.

Heath, D.B. u.a.: Land Reform and Social Revolution in Bolivia, 1.Auflage, New York, 1969.

INE, 1978/79: "Resultados del Censo Nacional de Población y Vivienda, 1976 (Vol. 1-9).

Jackson, Robert H.: Formacion, crisis y transformacion de la estructura agraria de Cochabamba. El caso de la hacienda de paucarpata y de la comunidad del Passo. Aus: Revista de Indias, Madrid, September-Dezember 1993, S. 723-760.

Junta Nacional de Planificación y Coordinación Económica, Plan General de Desarrollo Economico y Social, Bd. II, Quito, Bolivien, 1963.

Kersting, F. G.: Indios: Im Hochland von Peru und Bolivien, 1. Auflage, Aachen, 1986.

Klatt, Peter, J.: Zur Problematik des Agrarkredits in Entwicklungsländern: Das Beispiel Bolivien, 1. Auflage, Karlsruhe 1975.

Köster, Gerrit: Santa Cruz de la Sierra (Bolivien) - Entwicklung, Struktur und Funktion einer tropischen Tieflandstadt, Aachener Geographische Arbeiten, 1. Auflage, Heft 4, Aachen, 1978.

Larson, Brooke: Bolivia Revisited: New Directions in North American research in history and anthropology. Aus: Latin American Research Review, Albuquerque, USA, 1988, S. 36-90.

Löhnertz, Otmar /Wolf, Helmut: Weinbau in Bolivien, Fachgebiet Bodenkunde und Pflanzenernährung, 1. Auflage, Geisenheim, 1996.

Mandelberg, Uri: The Impact of the Bolivian Agrarian Reform on Class Formation. Aus: Latin American Perspectives, Riverside, USA, 1985, S. 45-58.

Marquer Tavera/ Manuel Silverio: Die Landwirtschaft im Entwicklungsprozess Boliviens, 1. Auflage, Göttingen, 1979.

Morales, Juan Antonio: Structural Adjustment and Peasant Agriculture in Bolivia. Aus: Food Policy, Guilford, USA, 1991, S. 58-86.

Monheim, Felix: Bevölkerung und Wirtschaft in den Gebirgen der Tropen, erläutert am Beispiel der bolivianischen und peruanischen-Anden, 1. Auflage, München, 1975.

Monheim, Felix: Agrarreform und Kolonisation in Peru und Bolivien, Beiträge zur Landeskunde von Peru und Bolivien, Geographische Zeitschrift, 1. Auflage, Heft 20, Wiesbaden, 1968.

Monheim, Felix: Junge Indianerkolonisation in den Tiefländern Ostboliviens, 1. Auflage, Braunschweig, 1965.

O´Connor, E. A.: Landscape and Landsat over the eastern bolivian shield, 1. Auflage, Berlin, 1987.

Paz Ballivian, Danilo: Cuuestion agraria y campensina en Bolivia. Aus: Revista Paraguaya de Sociologia, Asunsion, Mai 1992, S. 115-133.

Reye, Ulrich: Regionale Entwicklungspolitik im Osten Boliviens, Arbeitsberichte des Ibero-Amerika-Instituts für Wirtschaftsforschung, 1. Auflage, Heft 2, Göttingen, 1968.

Romero Bedregal, Hugo: Desarrollo historico, movimientos sociales y planeamiento Andino en Bolivia, 1. Auflage, La Paz, Bolivien, 1980.

Roque Bacarreza, Francisco: La economia de la Koka: El sacrificio boliviano continua ignorado. Aus: Norte Sur, Miami, USA, July 1992, S. 16-19.

Schoop, Wolfgang: Die bolivianischen Departmentszentren im Verstädterungsprozeß des Landes, 1. Auflage, Wiesbaden 1970.

Schoop, Wolfgang: Vergleichende Untersuchungen zur Agrarkolonisation der Hochlandindianer am Andenabfall und im Tiefland Ostboliviens, Aachener Geographische Arbeiten, 1. Auflage, Heft 4, Wiesbaden 1970.

Schulte, Michael: Der Lange Marsch der Bolivianischen Tieflandvöker. Aus: Blätter des Informationszentrums Dritte Welt, Freiburg, 1991, S. 7-10.

Statistisches Bundesamt (Hrsg.): Länderbericht Bolivien 1991, 1. Auflage, Wiesbaden 1991.

Statistisches Bundesamt (Hrsg.): Länderbericht Südamerikanische Staaten 1992, 1. Auflage, Wiesbaden 1992.

Stearman, Allyn Mac Lean: The Highland migrant in Lowland Bolivia: Regional Migration and the department of Santa Cruz, 1. Auflage, Gainesville, USA, 1976.

Spielmann, Hans O.: Agrargeographie in Stichwörtern, 1. Auflage, Braunschweig, 1985.

Tetzlaff, Rainer: Die Weltbank - Machtinstrument der USA oder Hilfe für Entwicklungsländer: zur Geschichte und Struktur der modernen Weltgesellschaft, 1. Auflage, München, 1980.

University of Tsukuba [HRSG]: Hiraoka, Mario: Japanese agriculture settlement in the Bolivian upper Amazon: A study, 1. Auflage, Tsukuba, Japan, 1980.

Wennergren, E. Boyd/ Whitaker, Morris D.: The Status of Bolivian Agriculture, 1. Auflage, New York/Washington/London 1975.

World Bank: The Evolving Role of IDA, 1. Auflage, Washington, USA, 1989.

Zondag, Cornelius H.: The Bolivian Economy, 1952-1965: The Revolution And Its Aftermath, 1. Auflage, New York/Washington/London 1966.

<u>Literaturverzeichnis - Exkurs: Kokain</u>

Buchwald, Rainer u.a. :Kokapflanze und Kokain, aus: Kritische Ökologie-3.WeltAgrarkulturenUmwelt: Hrsg.: Verein zur Förderung von Landwirtschaft und Umweltschutz in der dritten Welt (VFLU e.V. Wiesbaden) S.8-17, 11 .Jg. 1993.

Gantzer, Jochen: *Kokain Anbaugebiete in Südamerika*, 1. Auflage, München, 1997.

Lindlein, Peter: Kokawirtschaft in Peru: Banale Fakten und fromme Mythen, aus: Vierteljahresbericht Nr. 122, S.412-43 2, Bonn 1990.

Pitigrilli, Dino Segr: Kokain, München, 2002.

Rätsch, Christian (etc): Coca und Kokain, München, 2002.

Ruppert, Rasso: Weiche Bekämpfung harter Drogen als wirtschaftsgeographisches und ökologisches Problem, aus: Trierer Geographische Studien, H. 11: Perspektiven der Entwicklungsländerforschung, Festschrift für Hans Hecklau, S.249-258, Trier 1995.

Ruppert, Rasso: Das Koka und Kokaingeschäft in Bolivien, Organisation, räumliche Struktur, wirtschaftliche und soziale Effekte, Nürnberg 1990.

Schulte, Hans: *Untersuchungen in Bolivien*, 1. Auflage, Bonn, 2002.

Warner, Christopher: *Annals of Internal Medicine*, 1. Auflage, New York, 1999.

Willan, George: *Drugs in numbers*, 1. Auflage, Seattle, 2002.

Internetverzeichnis

Biotropic: Coca Plant, online im Internet,
<http.www.biotropic.com/coca>, [zugegrifen am 27. April 2004].

Bolivia: Statistics, online im Internet,
<http://www.bolivia.gov.bo>, [zugegrifen am 24. April 2004].

Worldatlas: South America, online im Internet,
<http:// www.worldatlas.com>, [zugegrifen am 17. Mai 2004].

University Of Texas: Maps, online im Internet,
<www.lib.utexas.edu/maps/americas/>, [zugegrifen am 15. Mai 2004].

Kultur und Entwicklung in Lateinamerika

Bolivien 1950-1980

Die Agrarkolonisation der Hochlandindianer
im tropischen Tiefland Boliviens

ANHANG

Zusammenfassung der wichtigsten Daten der

Kolonisationsprojekte im Raum Santa Cruz

Kolonisation s-projekt	Gründungs- jahr	Träger	Finanzierung	System
Aroma	1954	CBF	national	orient. spontan
Cotoca	1954	Bol.Reg. u. UNO	national UNO	dirigiert
Cuatro Ojitos	1955	CBF Armee	national	orient. spontan
Huaytu	1956	CBF Armee	national	orient. spontant
Caranda	1961	CBF Armee	national	orient. spontant
Yapacani	1960	CBF	national BID, UNO, USA	halbdirigiert
Spontane Kolonisation	ab 1953	-	-	spontan

Kolonisation s-projekt	Fläche in ha	Zahl d. Familien	ha je Familie	Haupterzeugni s
Aroma	5.500	450	15	Zuckerrohr
Cotoca	10.115	20	9	Zuckerrohr
Cuatro Ojitos	16.000	1370	20	Reis
Huaytu	10.000	250	20	Reis
Caranda	540	15	20	Reis
Yapacani	25.000	1157	20	Reis
Spontane Kolonisation	-	1500	3-20	Mais Reis

Quelle: Köster, Gerrit: Santa Cruz de la Sierra (Bolivien) - Entwicklung, Struktur und Funktion einer tropischen Tieflandstadt, Aachener Geographische Arbeiten, 1. Auflage, Heft 4, Aachen, 1978.

Kultur und Entwicklung in Lateinamerika

- Kurzüberblick -

**Die Agrarkolonisation der Hochlandindianer
im tropischen Tiefland Boliviens.**

Einleitung

• *Agrarkolonisation* ist eine planmäsige oder ungeplante Besiedlung und landwirtschaftliche Inwertsetzung bisher noch nicht agrarisch genutzter Fläche. Diese Anbauflächenvergrößerung wird in Lateinamerika, Südostasien und Afrika (Zentralafrika) angewandt. Vorrausetzungen für eine erfolgreiche Agrarkolonisation:

- Gründliche Untersuchung des Naturpotentials der Kolonisationsgebiete;
- Anpassung von Flächennutzung und Wirtschaftsformen an naturgegebene Nutzungsspielräume;
- Sorgfältige Auswahl und intensive Beratung der Siedler;
- Sorfältige Planung der regionalen Infrastruktur;
- Anpassung von Kreditrückzahlungen an finanzielle Möglichkeiten der Siedler;
- Exakte Vermessung und Eigentumssicherung von Kolonistenbetrieben;
- Schutz der Rechte von Ureinwohnern.

• Bolivien: Fläche von 1,1 Mio km2 und 7.7 Mio Einwohnern (7 E/km2). Die Zuwachsraten für die Gesamteinwohnerzahl sind in den letzten 20 Jahren relativ konstant geblieben, die Bevölkerungzahlen weisen einen hohen Anteil von Landbewohnern (68%) auf . Die Land-Stadt Migration ist sehr niedrig.

Die Bevölkerungskonzentration in den Anden

• bis 1952: Wirtschaftliche und soziale Entwicklung problematisch. Gründe:
a) in der Höhe von meist über 2000 m wurden die Hochflächen und Beckenlandschaften ungewöhnlich dicht besiedelt (86% der gesammten ländlichen Bevölkerung des Landes);
b) die weitverbreitete indianische wirtschaftsweise hatte keinen Marktcharakter;
c) Großgrundbesitz als Wirtschaftsform;
d) Mangelhaften Verkehrsverbindungen.

Der Straßenbau als Anfang des Kolonisationsprozeßes

• Asphaltstraße von *Cochabamba* nach *Santa Cruz* (Vgl. Fig. 1) und weiter nördlich nach *Montero*.

• Von *Cochabamba* weiter nach *Puerto Chipiri*, wo sie Anschluß an die Schiffahrt auf dem *Chapare-Mamore-System* gewinnt.

• *La Paz* wird mit dem Konsumgebiet des *Titicacabeckens* verbunden.

•Eisenbahnlinien verbindeten auch *Santa Cruz* mit dem Hafen *Corumba* am Paraguayfluß, sowie *Santa Cruz* und *Yacuiba* an der argentinischen Grenze wo sie Anschluß an das brasilianische bzw. argentinische Bahnnetz haben .

Die Kolonisationsgebiete

Die Besiedlung durch die Hochlandbewohner erfolgte vor allem in drei Räumen, und bindete sich an den Straßenbau:

1) Im Gebiet des Andenabfalls (Yungas) von La Paz und im angrenzenden an denfußgebiet des oberen Benitals (Alto Beni).

2) Im Chapare, dem tropischen Ergänzungsraum des Beckens von Cochabamba.

3) In den nordwestlich und südlich an das alte Siedlungsgebiet von Santa Cruz anschließenden Flächen.

Die Bodenreform und die Kolonisationssyteme

• Revolution von 1952: die wirtschaftliche und soziale Lage der Indianer im ganzen Lande änderte sich; sie wurden politisch und ökonomisch in die bolivianische Gesellschaft integriert.

• drei Kolonisationssysteme

      ->die spontane, die dirigierte und die semidirigierte Kolonisation .

• Klassifikationskriterium:

a) Grad der Planung,

b) die Vorbereitung und

c) die Betreuung der außerwählten Gebiete

Die spontane Kolonisation

• Ansiedlungen bekommen keinerlei Unterstützung, autonom (Unternehmungen der Bauerngewerkschaften , religiöse Gruppen, wild angelegte Ausliegerkolonien)

• Beispiel: *Chapare* (mit der Ausnahme von Chimore) und die Provinz *Nord-Yungas* mit dem Schwerpunkt *Caranavi.*

Die dirigierte Kolonisation

• Dem nationalen Kolonisationsinstitut unterstellt. Vorgehensweise: das Kolonisationsgebiet wird ausgewählt, eine Straße gebaut, die regionale Infrastruktur ausgebaut (Wirtschaftswege, Schulen, Krankenhäuser, Brunnen, etc), und die Siedler werden in den dichtbevölkerten Gebieten angeworben und ausgewählt . Bei der eigentlichen Kolonisation wird ein für die Kolonisten verbindlicher Produktionsplan erstellt, die Arbeitszeiten festgesetzt und ein Beitritt zur Produktionsgenossenschaft ist erwünscht. Der Absatz wird organisiert, Weiterbildung ermöglicht, und verschiede Hilfen werden zur Verfügung gestellt: Lebensmittel (bis zur nächsten Ernte), Arbeitsgeräte, Wäsche, Medikamente, Gewährung von Krediten.

• Beispiel: *Yapacani, Chimore und Alto Beni II.*

Die semidirigierten Kolonien

• Selbständige, ehemals geförderte Kolonien mit dem Schwerpunkt im Norden von *Santa Cruz.*

Die Herkunftsgebiete der Kolonisten

• Meistens im bolivianischen Gebirgsland (Altiplano, 3500 - 4500 m). Die Kolonisten sind überwiegend landwirtschaftliche Arbeiter, Bergarbeiter, und Arbeitslose.

• Umsiedlungsprobleme: Krankheitsanfälligkeit, psychische Probleme, Umstellung der Ernährungsgewohnheiten, andere soziale Bindungen

• Relativ große Fluktuation: Den Zuwanderungen steht eine starke Abwanderung gegenüber .

• ausländische Kolonien von Einsiedlern Vorwiegend aus Japan, Kanada, Italien und Deutschland. Man erlaubte die Einwanderung ausländischer Siedler die sich auf Marktproduktion spezialisieren um die Indianer zu entsprechenden wirtschaftlichen Verhalten anzuregen.

Die Neusiedlungsgebiete

• Das Klima: der äußeren Tropen, in bestimmten Zonen große klimatische unterschiede bestehen. Als Eigenart treten im Raum Santa Cruz "surazos" auf, Kaltlufteinbrüche, die das Thermometer in Juni/Juli in wenigen Stunden bis zu 10°C sinken lassen -> einfluß auf die Landwirtschaftliche Produktion der Region.
• Wanderfeldbau und Landwechselwirtschaft weit verbreitet.
• Anbau: Reis, Mais, Zuckerrohr, Baumwolle, Kaffee und Kakao.
• Der wichtigste Zweig der Viehzucht ist die Rinderhaltung (Fleischproduktion).
• Die Wasserversorgung: problematisch.

Agrarkolonisation heute

• Die politischen Ereignisse verdrängten geographische Untersuchungen (Mangel an Informationen).
•Änderung der Förderungssystematik; ausländische Firmen oder Stiftungen, Regierungen und Universitäten arbeiten verstärkt mit der bolivianischen Regierung an Kolonisationsprogramen.
• Moderne konzepte: Dänemark unterstützt die Agrarkolonisation in dem Departement *Potosi*, Stiftung Novartis die Kolonie *San Julian*, in der Region *Tarija*, etablierte sich ein Weinbaugebiet, wird von der Forschungsanstalt Geisenheim, Deutschland, erkundet.

Zusammenfassung

• Agrarkolonisation als ein Ausweg aus der damals vorhandenen Wirtschaftsstagnation
• Die Anbauflächen beim Reis wurden verdoppelt, die Importe gingen Schalgartig zurück; 1965 brauchte nur noch 2% der früheren Importmenge eingeführt werden.

• Die Bananenproduktion und Kokaproduktion der 60er Jahre zeigt das die Kolonisten mit 2/3 an der Gesamtproduktion beteiligt waren; Kaffee und Zitrusfrüchte kamen etwa zu einem Zehntel bis einem Fünftel aus den Indianerkolonien.

• Bewölkerungsbewegung: in dem Gebiet um Santa Cruz lebten bis 1960 in Kolonien, zwischen 3 500 und 4 500 Menschen auf einer Fläche von 67 000 ha (Vgl. Tab. 1).

• Einige Regionen sind mittlerweile starke selbständige Zentren, wie z.B. die Region Santa Cruz; diese konnte die wirtschaftlich vortschrittliche Stellung die sie nach der Bodenreform gewonnen haben, noch heute aufweisen.

Bolivien Karte

Overview

<u>*INTRODUCTION AND HISTORY*</u>

- The coca plant is the holy plant of the Incas and one of the oldest *cultivation plants* in South America (over 5000 Years).
- The Name *coca* comes from the Aymaran language and means "Three" or "Bush", 250 varieties known.
- Two varieties in commerce: a) *Huanuco Coca* (South Ecuador, Peru, Bolivia) - leaves of a brownish-green color, oval, entire and glabrous, bitter taste.
  b) *Peruvian Coca* (Peru) - leaves are much smaller and have a pale-green color.
- The coca leaves reduce mountain sickness symptoms.
- Returning Spanish conquistadors brought it to Europe where it was considered as an "elixir of life".
- 1862 Albert Niemann extracted purified *cocaine* from a coca base from the coca leaves.
- It was first made illegal during World War I.
- In the seventies it came to the first *major drug abuse period*, in the 1990´s it replaced *heroin* as the "Drug No 1".

<u>*USAGE AND CULTIVATION*</u>

- Chewing the leaves sets certain substances free, gives a feeling of an initial "rush" or sense of well-being.
- Healthy; 100-200 gram per day covers the daily doses of calcium, iron, phosphor, vitamin A, B3, B12, C, E.
- The production in two steps: 1. *Basispaste*; 2. *Cocainechlorhydrat*.
- Cocaine is known as coke, C, snow, flake, nose candy, blow, or crack; sold as a hydrochloride salt (a water-soluble salt).
- White powder substance, which is inhaled, injected, freebased (smoked), or applied directly to the nasal membrane or gums.
- Prices are very high, it is an image factor, and it is not making *PHYSICALY* addictive. But it makes you *PSYCHICALY* addictive.
- Great demand => expansion; caused economical, ecological and migrational problems in Bolivia, Peru and Colombia .
- Cultivation: -
9.   *Ecuador: Seaside.*
10.   *Venezuela and Colombia: ARHUACOS, RIO CAUCA, ORINOCO, RIO NEGRO.*
11.   *Bolivia : YUNGAS, CHAPARE.*
12.   *Peru: HUALLAGA.*

- The plant is able to grow in all sorts of ground, but exhausts the ground extremely.

<u>*GLOBAL PROBLEM AND SOLUTIONS*</u>

- Because of the worldwide demand it became a global problem and also an immense economic factor for producing countries.
- The problems involve the destroying of forest, pollution, neglecting of other cultivation goods and forms.
- This industry is the largest growing industry in the world. Per year it makes about 500 Billion U$ Dollars.
- The biggest part of the cocainexport (90%) goes to the USA.
- Foreign currency as economically problem for the domestic production.
- In Peru has the cocaexport the same value as the rest of legal export of the *whole* country (3,5 Billion U$ Dollars).
- Drug Wars: burning fields.
- The Andes countries must turn their focus away from destroying coca plants to waging a political and economic war against the strategic alliance between drug traders and guerrillas and against the public sector corruption that they entail.